百搭、飾品配件
自己做。

時尚手作家
張雅鈴———
著

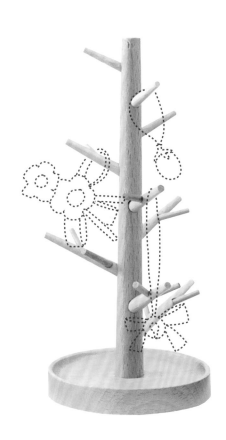

人文的 · 健康的 · DIY的
腳丫文化

目次

Chapter B.

「小孩寵物都愛用的
手感飾品、配件。」

「簡單、自由、獨特。
充滿個性的飾品與配件,
造型與用途百變,
手環變寵物項圈、
胸針變墜飾、
髮飾變手機吊飾…
只要一點巧思,
就能隨手拼貼幸福時刻。」

喜歡美好事物是人類的天性,而其中最能吸引大家目光的那個重要角色則非飾品莫屬,無論是上班時穿著中規中矩的套裝,或是假日和心愛的家人朋友外出,一個好的飾品或配件,總有畫龍點睛的效果。

愛幻想的天秤座個性讓我嚮往美的事物,因此設計與創意成為我的工作與嗜好。從生活周遭取材的習慣,發現市售兒童與寵物飾品有美觀但不安全,或安全卻不美觀的缺點,因此在第二個單元中,特別設計安全材質與時尚兼具的飾品與配件,讓家中的小寶貝們在打扮之餘,更能安心使用。

第一單元中有許多時尚且實用的墜子、別針、戒指、手鍊等,除了能夠單獨使用之外,也能搭配現成飾品,變身效果更加分,頁面上會提供建議的使用方式,但我更希望讀者能發揮想像力,激發更多如同飾品配件般閃閃發亮的靈感,創造出更多不一樣的火花。

由衷希望藉由本書的出版,讓對飾品DIY有興趣的朋友們能開始動手做,你將發現,只要幾個簡單步驟就能增添生活樂趣,揮灑創意原來可以如此簡單!

工具介紹

 縫線／
穿過縫針後作
為縫紉用。

 斜口鉗／
裁減金屬零
件。

 樹脂膠／
是種合成樹脂
膠,呈現透明狀
的輔助接著劑。

竹籤／
沾取強力膠時
的輔助工具。

 縫針／
穿過縫線後作為
縫紉用。

 尖嘴鉗／
用來夾扁隔珠,
夾彎T針跟九針
都相當好用。

 各式小五金／
組合各部位
零件。

魚線／
透明卻強韌,
經常使用於串
珠作品。

 銅線、鋁線／
具折疊性,可彎
折纏繞。

 鑷子／
夾取小零件或
幫助串珠穿過
魚線。

剪刀／
最好選尖頭
的,用來剪一
些精細的金屬
線或不織布。

 速乾強力膠／
適合各式各樣材質
的強力速乾接著
劑,具有防水、透
明、速乾等特性。

圖示介紹

 髮飾 項鍊 手環 包包掛飾 別針 帽飾 耳環 鍊墜 手機吊飾 鞋夾 寵物

Chapter A.

「怎樣搭配
　都出色的
　時尚飾品、配件。」

搭上配合自己需求製作，讓人想
要珍惜使用。即使是新手，本書
也有技巧簡單的款式可供選擇，
享受優雅的手作時光，你要不要
也拿起針線一起加入呢？

黑色時尚造型珠鍊
Black Fashion Stylish Chain

單鍊時尚，多鍊華麗，無論直接垂掛
或隨性打個活結，都能戴出魅力萬千
的流行感。

材料————

短管珠(2m/m)

亮片(2m/m)

黑色小珠(1m/m)

灰銀黑珍珠(6m/m)

魚線(230cm, 0.4m/m)

工具————

針、魚線、剪刀、樹脂膠

製作步驟
Know How

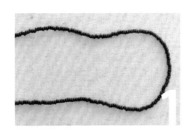

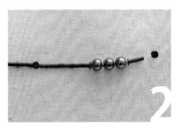

step1／將1m/m黑色小珠單
獨穿成100cm長的a項鍊，打
結點膠固定。step2+3／再將
短管珠＋亮片＋珍珠組合，
串成另一條b項鍊，打結處點
上膠固定。

step4／再將a、b二條項鍊重疊在一起。step5+6／二條一起打上單結，即成時髦造型長鍊。

低調奢華。

單一色彩好搭配，可
另別上胸花，低調奢
華，多條組合時髦有
型。

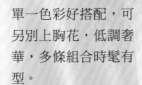

雪紗戀情
Snow Romance

以銀線雪紗為主體，再交互運用水晶
鑽與布蕾絲緞帶，純淨的色系搭配十
分優雅。

材料 ─────

布蕾絲緞帶(1.5cm×25cm)

銀線雪紗×1

白色珠鍊(22cm)

方型水晶釦×1

貼鑽×10

白色不織布(直徑6cm)

胸針／夾座×1

工具 ─────

針、魚線、剪刀、強力膠

髮飾

鍊墜

別針

包包掛飾

手機吊飾

製作步驟
Know How

step1 將銀線網紗剪成三份(一份6cm×30cm的長條型,另剪二份直徑8cm的圓型),將長條網紗的縫份邊緣摺成扇型做回針縫。**step2** 縫成半圓型收邊,邊縫邊轉成圓型。**step3** 把頭尾兩端重疊,只縫中間點,就會呈現碗狀(圓周邊緣剪出深度1cm長的缺口,共剪4-5個缺口。)。**step4+5** 再把二片直徑8cm的圓形網紗襯在底部(背面)。

step6 取一珠鍊與布蕾絲。 step7 將蕾絲如圖示反摺縫合，再於邊緣縫合珠鍊。 step8+9 將步驟7結合步驟5，並於後方黏上已縫上別針的不織布。 step10+11 翻至正面中心點縫上水晶鈕，旁邊點綴幾顆貼鑽。在布蕾絲的緞帶處，分別以膠黏上其餘貼鑽。

金紗花飾鞋夾
Glitter Flower Shoe Clip

自然而不過於甜美的金紗雪紡花飾，外型簡單卻細膩，適合素雅浪漫的造型搭配。

材料 ————

滾金線雪紡紗(14×100cm)

滾金邊緞帶2色(0.8×1.8cm)

金色大珠×1(1.5cm)

鞋夾／別針×1(對)

米色圓型不織布×2(直徑2cm)

菱形亮鑽×2

工具 ————

針、魚線、剪刀、強力膠

髮飾

鍊墜

耳環

別針

鞋釦

帽飾

包包掛飾

製作步驟
Know How

step1+2／將雪紡紗剪成寬7cm長50cm，共二份，先將其中一份橫向對折距摺邊1cm處作平針縫。

呈現多種風情的
雪紡紗配飾。

step3+4 收緊成上下重疊的二層花朵，二份同作。**step5** 將
二份花朵中間縫合再加上金色大珠。**step6+7** 把雙色金邊緞
帶對折縫成蝴蝶結，中間加上菱型亮鑽。**step8** 把蝴蝶結固
定在大珠旁邊。**step9** 將鞋夾或耳環鈕上膠黏在背面。
PS:必須使用黏性較好的強力膠防止脫落。

無造作的華麗元素

夾在拖鞋上、
胸前或是髮帶上，
一款多用，
為平淡的穿著加入新鮮氣息。

搖滾羽毛耳飾
Rock Feather Earrings

深邃黑色角珠光澤多變,黑色羽毛增添神祕風情,加穿上背心或短T立即擁有龐克搖滾風格。

材料 ———

九針 ×4(4.5cm)

地球珠 ×2(7m/m)＋2(5m/m)

石珠 ×6(3m/m)＋3(1m/m)

小珠 ×2(1m/m)

耳鉤＋C圈 ×1(對)

長管珠 ×2

短管珠 ×2

星型鑽 ×2

珠雞毛 ×4

工具 ———

剪刀、強力膠、鉗子、斜口鉗

耳環

鍊墜

製作步驟
Know How

step1／將二支九針a、b之分別串上彩珠（依圖示順序組合）。step2／把珠雞毛梗上的雜毛清除乾淨，剪短備用。

step3+4／步驟1串好的九針a尾端點上膠。把羽毛黏在九針上，並將小珠蓋過黏合位置，可防止羽毛脫落。

step5+6／另一支串好的九針b先剪掉過長的部分。再於尾端點上膠黏上羽毛。加一顆小珠固定防止羽毛滑落。

step7+8／把二支已經串好的九針加上C圈，再加上耳鉤即完成。

異國風造型項鍊

把耳鉤換成項鍊穿過C圈，即成異國風造型項鍊。

Glitter
Colorful
Suede
Square
Non-wo

粉晶胸花配飾
Rose Quartz Brooch Accessories

時尚甜心必備單品，
粉晶點綴更增風采。

材料————

霓彩雪紗緞帶×1(4×30cm)

七彩橫紋緞帶×1(1.5×21cm)

粉色(粉紅色)麂皮繩(60cm)

長方形水晶鈕(粉紅色)×1

不織布(白色或粉色)×2(直徑2cm)

別針×1

工具————

針、魚線、剪刀、膠

髮飾

包包掛飾

別針

帽飾

製作步驟
Know How

step1 七彩緞帶剪成三份(每份長度7cm),各自對折後,如圖示排列,將中心點以針線縫合固定。**step2** 把水晶鈕縫在緞帶中心處。**PS:**水晶鈕的底部再上點膠,使其更牢固。

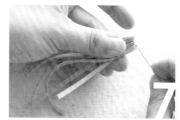

step3+4　從緞帶下線開始回針縫，加上摺扇的動作收緊成一圈，重疊縫合交接處。step5　在中心處先黏上一片不織布。step6　把步驟2完成的緞帶黏在不織布上。step7　把麂皮繩剪成三段(一段約20cm)，用針線縫在一起。step8　固定在步驟6的背面。上面再加上一片不織布。step9　最後將別針上膠固定就完成了。

粉嫩的色彩宛如初春綻放的花朵，令人心情愉快。

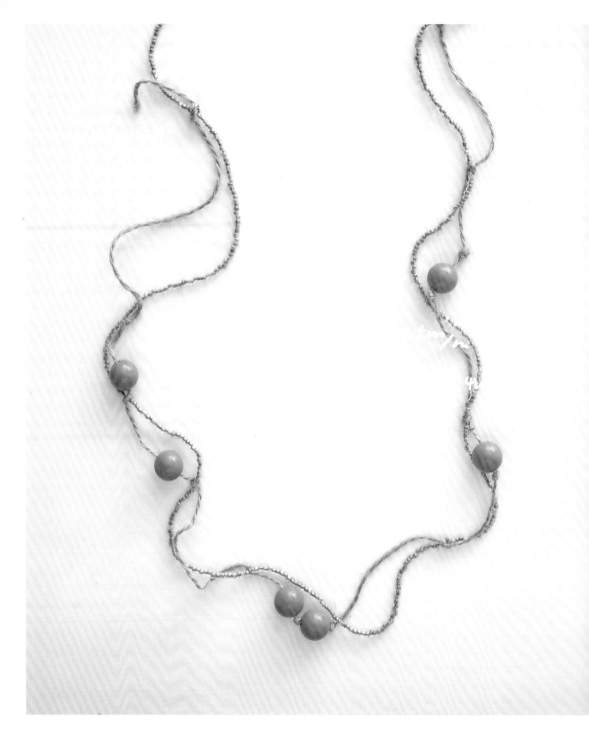

紫珠戀
Callicarpa Love

百搭的大圈珠鍊造型，
甜美氣質讓人愛不釋手

材料 ————

紫色球珠×6(1.5m/m)

紫色麻繩(150cm)

魚線(100cm, 0.4m/m)

紫色琉璃珠(適量)

工具 ————

針、魚線、剪刀、樹脂膠

製作步驟
Know How

step1+2 先將魚線一端打結點膠固定，然後串上琉璃珠，直至成一條珠鍊，長約45cm~60cm左右。

另種風情

環繞在草帽上，繞一圈用針線固定，呈現另一種風情的造型帽飾。

step3 把麻繩一端先固定在珠鍊的一頭，才依續串上紫色球珠，前後均打上一個活結固定球珠。step4 麻繩穿過球珠一端再打一個活結固定於珠鍊上。step5 交錯的球珠穿插於珠鍊上，最後一端也是固定綁在珠鍊的另一頭，完成。PS:頭尾的結要打死結，其餘的結都是單一活結！

可依心情或造型
變換球珠的位置！

Double Green Ribbon
(0.4×102cm ×2×52cm)
Point Pattern Ribbon
(1×30cm)
Cloth Lace Ribbon
(1.5×160cm)
Yarn Pineapple Ball ×1
Pin ×1   Circle Bead ×2 (5m/m)
Round Aluminum with Hemp Rope

日系可愛掛飾
Japanese Lovely Ornaments

多用途的緞帶掛飾，可別在衣帽上，
也可當作背包飾品，或用來裝飾窗
簾、門簾。

材料————

各式緞帶
〔綠色緞帶（霧面、0.4×18cm＋亮面、0.6×20cm）〕
〔點點緞帶（1×30cm）〕
〔布蕾絲緞帶（1.5×16cm）〕

別針(直徑3.5cm)

加上麻繩的不織布(圓形、直徑3.5cm)

小珍珠×2(5m/m)

鳳梨毛線球

工具————

針、魚線、剪刀、強力膠

髮飾

別針

包包掛飾

帽飾

製作步驟
Know How

step1+2／先把四種不同的緞帶一端對齊縫合，再上膠黏在麻繩不織布的下方（黏在麻繩那面）。**step3**／將點點緞帶剪成二份，各自對折，上膠黏在右上方。

step4+5／把二顆小珍珠縫在毛線鳳梨球的葉片上，再與步驟3組合在一起。step6／背面黏上已縫好別針的不織布，完成。

百搭．飾品配件
自己做

線→面
當麻繩由線變成面的時候，
就能創造無限的創意！

水晶琉璃耳飾
Crystal Glass Earrings

垂墜式設計讓擺動的水晶更
顯燦爛，像極夜空中閃閃發
光的星星。

材料————

白K金鍊(36cm)

奧地利水晶珠×1(綠)

多角綠水晶×1(1cm)

尖角綠水晶×3(6m/m)

造型水晶×2(紫)、×1(黃)

菱形黃琉璃珠×2(2m/m)

耳環座×1(對)

擋珠＋C圈×2＋T字針×2

工具————

強力膠、斜口鉗、鉗子

製作步驟
Know How

step1 將二份已套上螞蟻釦的白K金鍊穿上C圈。**step2** 依順序組合T針＋黃水晶＋擋珠，再穿上C圈。**step3+4** 套上耳環座。

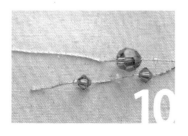

step5 依順序組合T針＋紫水晶＋多角水晶＋紫水晶。**step6** 尾端用鉗子彎成小圓圈。**step7+8** 鉤在步驟3的耳環座上，完成左邊耳飾。**step9** 右邊耳飾，把白K金鍊長的一端，各串上一顆多角水晶與一顆琉璃珠，置於鍊子中間處，並點上膠預防滑落。**step10** 另一端則串上3顆尖角水晶，用不同顏色穿插，記得每一顆間隔處（約0.5cm）都要點上膠固定，完成。

百搭．飾品配件
自己做

浪漫玫瑰蕾絲花飾
Romantic Rose Lace Flower Accessories

多層花瓣交疊出層次感，除了當作
胸針，還可裝飾洋裝，背心、帽子
和包包等小物。

材料————

進口蕾絲緞帶(1.6×30cm)

粉桔色橫紋緞帶×2(4×25cm、0.6×23cm)

珊瑚色亮面緞帶(0.5×30cm)

不織布(2.5×4cm)

白色珠鍊(20cm)

別針×4

工具————

針、魚線、剪刀、強力膠

髮飾

鍊墜

手環

別針

包包掛飾

帽飾

鞋夾

製作步驟
Know How

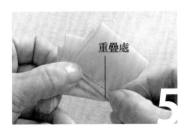

重疊處

step1+2 先將蕾絲緞帶依圖示摺疊，在中心處縫合完成蝴蝶結。**step3+4** 把小緞帶和珠鍊都縫成蝴蝶結，再把三種蝴蝶結組合在一起備用。**step5** 把4cm寬的大緞帶摺成三等份，只重疊一個角，然後縫合固定。**step6** 先把別針固定在不織布上備用。

活動式的胸針設計

可以自由別在喜歡的地方，
靈活裝扮個人生活空間，
考考自己的時尚指數。

step7+8 將已組合好的步驟4上膠黏在步驟5的縫合線上，
上面黏上緞帶小玫瑰花。**step9+10** 背面黏上步驟6。完成！

小碎花木珠鍊

Small Floral Wooden Beads

大地色系的木珠展現輕鬆渡假休閒風,穿上簡單的棉質衫,最適合到陽光普照的地方出遊了。

材料 ————

亮面緞帶(0.6×170cm)

木珠×8(1.5×10cm)

碎花布×1(50×15cm)

別針×1

工具 ————

針、線、剪刀、膠

項鍊

包包掛飾

帽飾

鞋夾

製作步驟
- - - - - - - -
Know How
- - - - - - - -

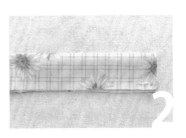

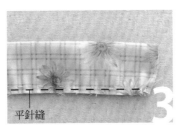

平針縫

step1 先將木珠依序穿過亮面緞帶打結,如圖示。

step2+3 將花布剪成大小二片,大片尺寸(寬6.5cm×長30cm)、小片尺寸(寬4.5cm×長15cm),大片花布對折於開口處做平針縫。

大地色系

材質及色系均屬大地色系，
搭配具南洋風情的服飾草帽
或編織的竹藤包都很時尚。

step4／收緊縫線，將兩端交接處縫合成一圈。**step5+6**／小片布也一樣動作，外邊用剪刀每0.5cm做一個間隔的切口。收緊縫線及縫合交接處，即成大小兩朵花。**step7+8**／把二朵花組合後的中心點處加上一顆木珠。**step9**／背面加上已縫上別針的圓型花布，再加上膠固定。**step10**／把小花別在木珠鍊一端即完成。

小碎花胸針還可分開
做其他裝飾配件喔！

Velvet Ribbon (50cm), Fallerts
Small Pearl X15(ca.6mm), Ant Botton+blackbead
wool Flower, yarn ball x1   Colorful Beads
Lace Flower, Cloth Motif x1   Crystal
Hemp(cream)
Fabric Ribbon(2.5cm)
Non-woven(green,beige)

氣質粉彩珍珠鍊
Graceful Pink Pearl Chain

好感提升百分百，可愛毛線、蕾絲小物呈現
小女孩童心，加上珍珠項鍊，襯托頸部線條
與好氣色。

材料————

布蕾絲緞帶(30×1cm)

絨布緞帶(50cm)

小珍珠×155(0.5m/m)

毛線花、毛線球×1

布蕾絲花、花片×1

綠色麻繩(120cm)

米色布緞帶(25cm)

圓形不織布(綠色2.5cm、米色3.5cm)

項鍊齒夾＋C圈(各2組)

螞蟻釦＋擋珠(各2組)

各式彩珠、貼鑽

魚線(0.4m/m)

工具————

針、剪刀、膠、鉗子

製作步驟
Know How

step1／將布蕾絲花縫在米色不織布一面，另一面上一層膠後，把麻繩繞成一個平面底座待乾。step2+3／上面縫上蕾絲花片與與彩珠，並黏上貼鑽備用。

step4 將綠色不織布與毛線花縫合備用。step5+6 取魚線各剪二段(1×35cm)、(1×30cm)，分別穿上針依序穿過擋珠、螞蟻釦和彩珠。然後從中間穿過步驟2的備用花。step7 再穿上7~8顆小珍珠後，組合步驟4。step8 後面持續串上小珍珠長度至35cm後加上螞蟻釦固定。重覆以上動作穿另一條珍珠鍊，把步驟3和步驟4的配件換成毛線球，成二條珍珠鍊。step9 將絨布緞帶兩端分別加上齒夾，並加上膠固定防滑落，兩端分別加上C圈。step10 一端綁上布蕾絲緞帶成蝴蝶結。step11 再把已串好的步驟8珍珠造型鍊鉤在兩端的C圈上，用鉗子夾緊，完成。

奶油珍珠長鍊
Butter Pearl Long Chain

錬子以奶油珍珠串連而成，緞帶與不織布的拼接設計，有種奇妙的衝突時尚感。

材料————

點狀緞帶(55×1cm)

珍珠×60(0.6m/m)

魚線(30cm、0.4m/m)

螞蟻釦＋擋珠＋C圈×2

項鍊齒夾×1(對)

A／掛飾（左邊配飾材料）

古銅圈×1　　T字針×2

掛鈎×1　　　珍珠×2(10m/m)

造型銅圈×2　菱型水晶珠×3(0.5m/m)

C圈×2　　　小木夾+小花×1

B／不織布造型別針（右邊配飾材料）

圓型布＋不織布×1(各1片, 內徑4.5cm)

琉璃珠＋亮片(0.2m/m)

菱型水晶珠×4(0.5m/m)

別針×1

雙色緞帶×1(20cm, 橘色和綠色各1條)

工具————

針、線、
剪刀、膠、鉗子

製作步驟
Know How

step1+2／取魚線＋擋珠＋螞蟻釦穿上珍珠，另一端最後穿過擋珠及螞蟻釦，完成一條珍珠鍊。

左邊掛飾製作程序→將左邊掛飾的材料先分別組合備用。**step3+4** 組合順序為銅圈→C圈→大珍珠→造型古銅圈→大珍珠→C圈→掛鉤。**step5** 將點點緞帶與咬合器組合且沾上膠避免滑落，套上C圈。**step6+7** 把步驟1及步驟5組合在一起，再掛上步驟3。**step8+9** 黏合小木夾與布花。**step10** 掛在步驟7的大古銅圈完成左邊掛飾。

百搭、飾品配件
自己做

右邊掛飾製作程序→step11~13 ╱ 先取綠色布正面縫上各式彩珠、亮片與水晶珠。**step14+15** ╱ 雙色緞帶縫成蝴蝶結,中間點綴亮片及水晶珠。縫合在步驟13綠布下方處。**step16** ╱ 不織布先縫上別針座。**step17** ╱ 不織布反面塗上膠,再黏在步驟15的背面待乾,最後把別針別在右邊的珍珠鍊上,完成。

花蝴蝶耳飾
Butterfly Earrings

明亮的黃綠鋁線襯上清透的琉璃
小晶珠蝴蝶造型交錯飛舞，清麗
又嬌柔。

材料————

菱形五彩珠×4(5m/m)

包模鋁線0.1m/m×60cm

耳環鉤×1(對)

琉璃珠少許(0.2m/m)

星型亮鑽×2

工具————

鉗子、斜口鉗

耳環

鍊墜

手機吊飾

製作步驟
Know How

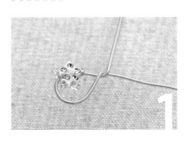

step1 將鋁線串上一顆星型亮鑽，折成一小圈扭轉。

step2 另一邊串上琉璃珠與菱型彩珠再扭轉一個小圈。

step3+4 重覆把不同的彩珠做搭配，扭轉成四個小圈。宛如蝴蝶的小翅膀。

step5／將左右二條再各自繞圈成小蝴蝶的觸鬚。step6+7／
最後把耳鈎掛在觸鬚上即可成一對可愛的蝴蝶耳飾。step8／
搭配麂皮繩，放大鋁線造型，加上木片花飾即成時尚項圈。

波西米亞風耳飾

Bohemian Earrings

迷人的異國風情，神祕的紫色琉璃珠飾，在耳邊蕩漾時，彰顯奔放美感。

材料————

亮片(少許)

紫色大珍珠×2(10m/m)

紫色短管珠(0.2m/m)

耳環鉤＋C圈×1(組)

紫色琉璃珠(0.3m/m)

工具————

鉗子、斜口鉗

鍊墜

耳環

手機吊飾

製作步驟
Know How

step1+2 將鋁線扭成圓弧型，其中一條在交接點繞二圈固定壓緊。**step3** 另一條線反轉成小圈。**step4+5** 把銅絲線纏繞於接頭處，點上膠固定。**step6** 銅絲線一端開始串上各式彩珠。

step7／邊串珠邊纏繞銅絲線於鋁圈上。step8／多繞幾圈固定。step9／當串珠加上亮片時，需要再回穿一次，如此亮片才會成平面。step10+11／依續在圓弧周圍串連時，每個轉折點都要各繞幾圈以防滑。在強調垂墜感的地方加上一顆大珍珠作為重點。step12~14／最後回到交接點，重覆纏繞幾圈。交接處可點上膠固定，防止滑落。step15／最後把耳環＋C圈接上造型圈。step16／即可完成波西米亞風耳飾。

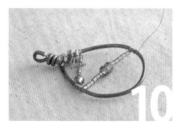

鋁線可塑性高

使用包模鋁線防氧化，且可塑性強，創意空間無限。簡單幾何線條變化，隨著步伐擺動讓造型更繽紛浪漫。

搭配異國風情的服飾或配飾呈現萬種風情。

Mansfield Park
by Jane Austen

In MANSFIELD PARK, first published
in 1814, when the author had
reached her maturity as a novelist,
Jane Austen presents some of her most
witty and perceptive studies of character.
Against a genteel country landscape
of formal parks and great homes, the
gossipy Mrs. Norris becomes a masterful
comic creation; the fickle young suitor Henry
Crawford provides an unequaled portrait
of a foolish young man; and the complexly
drawn Fanny Price emerges as one of
Jane Austen's finest achievements — the poor
cousin who comes to stay with her wealthy
relatives at Mansfield Park and learns
the game of love can too easily turn to
folly. More intricately plotted and
richer in scope than Austen's earlier works,
MANSFIELD PARK continues to enchant
and delight us as a superb example
of a great author's craft.

Antique Copper

羽毛古銅鍊
Feather Bronze Chain

運用材質豐富，以羽毛為主角，想玩甜美或龐克都可隨當天的心情決定。

材料 ————

仿古銅鍊(80cm)

珠雞毛×1(1cm ×20cm)

仿古小鏡子＋仿古鑰匙

方型琉璃珠
×6(0.1m/m)×3(0.3m/m)×2(10m/m)

大珍珠×1(10m/m)

造型方格珠×1

古銅環×1＋扣環鍊×1

掛鈎×1＋C圈×1(大小各一)

九針×2＋T字針×3

工具 ————

尖嘴鉗、斜口鉗、剪刀、強力膠

鍊墜

手環

手機吊飾

包包掛飾

製作步驟
Know How

step1 將小配件先組合起來備用，仿古小鏡子＋C圈＋扣環鍊。**step2** (10m/m)琉璃珠二顆＋(0.1m/m)琉璃珠二顆＋T字針分別掛在銅鍊左右兩側。**step3** 大珍珠＋T字針掛在扣環鍊最下端。**step4** 仿古鑰匙＋C圈＋古銅環。

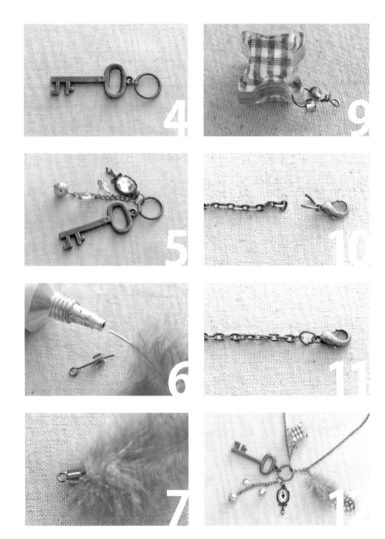

step5 將步驟3＋步驟4組合。step6+7 九針＋(0.3m/m)琉璃珠一顆結合珠雞毛梗，點上膠穿過琉璃珠。step8+9 九針＋珍珠＋造型方格珠＋琉璃珠，穿完做扭轉動作固定。step10+11 C圈＋釦環鍊掛鉤。step12 再將步驟5＋步驟7＋步驟9全部組合在一起。

Chapter B.

「小孩寵物
都愛用的
手感飾品、配件。」

以有別於工整的車線與精美的成
品，手縫作品或許不甚完美，但
親手製作的一針一線，都密實地
包含手作者的心意和溫度。

14
件

Chiffon (15cm×30cm) Ball He...

Imported Laces Ribbon
(4cm×30cm)

Tie Hair R...

Plaid Ribbon (1.3cm×15cm)

Non-...

英倫雪紗蕾絲髮束

British Chiffon Lace Hair Ring

雪紗輕柔材質營造出雅緻波浪，學
院風格紋緩和甜美度，除了綁髮，
可固定在包包或手腕上做配件。

材料 ————

滾邊雪紡紗（5cm×30cm）

進口蕾絲緞帶（4cm×30cm）

格子布緞帶（1.3cm×15cm）

球紋珠×1

綁髮帶×1

不織布×1（圓形，直徑3cm）

工具 ————

針、魚線、剪刀、膠

髮飾
手環
寵物
包包掛飾

製作步驟
Know How

 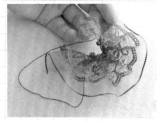 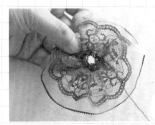

step1 將兩片雪紡紗與蕾絲緞帶重疊一邊對齊，在邊緣距離0.5cm處做平針縫。**step2＋3＋4** 以摺扇子的方式縫合，然後拉緊縫線慢慢做收緊的動作。**step5＋6** 一邊調整距離，一邊收緊成圓圈狀，在重疊處縫合。

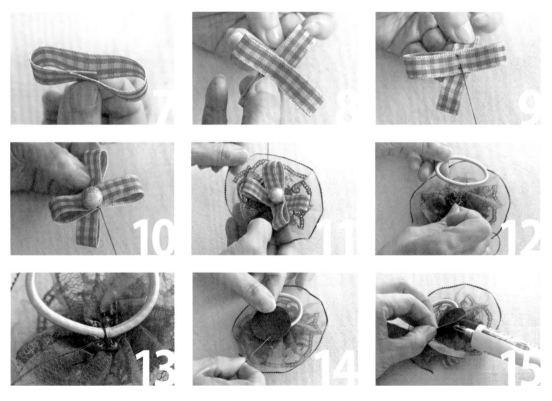

step7~9　取格子緞帶剪成二段，重疊成十字型，於交疊處縫合固定。step10　中心點縫
上球紋珠。step11　把步驟6＋步驟10的成品組合。step12＋13　翻轉到背面縫上髮帶。
step14+15　圓型的不織布遮蓋住髮帶，先以針線固定再塗上強力膠待乾即完成。PS: 注意上
膠的範圍，避免膠塗得太滿溢出來。

為增加飾品的
牢固性及使用期限

建議縫合後再上膠，
效果更加倍。

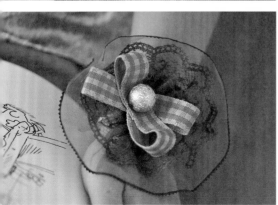

Chiffon Ribbon —4×30cm
Candy Beads
Point Pattern Ribbon —6

雪紡紗糖果配飾
Chiffon Candy Accessories

鮮嫩的綠色雪紡紗，不管是當作
頭飾或是繫在脖子上，都是可愛
裝扮的好幫手。

材料——

雪紡紗 (4cm×30cm)

小點點緞帶 (60cm)

各式糖果珠 (10m/m×4、彩色愛心型×2)

工具——

針、魚線、剪刀、膠

髮飾

手環

項鍊

寵物

製作步驟
Know How

提升質感

在飄逸的雪紡材質中，
加上幾顆閃亮的糖果珠，
質感立即提升。

step1＋2 在距小點點緞帶的15cm處疊上雪紡紗緞帶，在重疊處以魚線開始平針縫。**step3** 將魚線拉緊，注意調整皺摺間距。

step4 拉緊後在小點點緞帶上打結,再黏上膠,避免魚線結鬆脫。**step5+6** 在皺摺的中心點縫上糖果珠,即完成。

若想讓飾品更加出色

建議可選擇對比較強烈的色彩組合。

小點點緞帶兩端可縫上暗鉤或魔術粘,

方便調整大小。

百搭.飾品配件
自己做

076

拉拉草莓球
La La Strawberry Ball

甜蜜蜜的草莓球中間加上幾
顆珍珠，自然風格的設計就
完成了。

材料 ————

彈性線

毛線草莓球(6×3cm)

小珍珠

工具 ————

針、剪刀、膠

髮飾

手環

寵物

製作步驟
Know How

 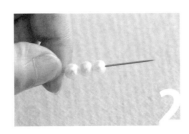 

step1 取縫針穿上彈性線，先穿過毛線草莓球頂端。**step2+3** 再依序串上小珍珠20顆，另一個尾端打死結固定。**step4+5** 然後再回穿過草莓球，打結固定。**step6+7**（彈性線打結技巧）打結前的餘線拉開繞成一個小圈。

step8+9+10 再把針迴穿過小圈,繞兩圈打結。step11+12
最後再一次回穿過草莓球,打結完成,打結處點膠防滑落。

彈性線易鬆動滑落

建議在每個打結處點上樹脂膠,
使其更牢固。

paper

seaser

stone

彈性線運用靈活，
充滿遊戲心情的設計，
讓家中小可愛更加惹人愛。

格紋甜心蝴蝶夾
Lattice Sweet Butterfly Clip

明亮的格子布蝴蝶造型，邊緣的紫色貼鑽可自由調整位置，不管搭配什麼衣服都很可愛。

材料

格紋布蝴蝶結（4×2cm）

芊棉線（4×30cm）

珠鍊（20cm）

各式彩珠×8（空心大珠）×12（糖果珠）

小鴨嘴夾×2（塑膠製）

不織布（方型，2×1cm）

貼鑽×8

工具

針、魚線、剪刀、強力膠

髮飾

別針

寵物

包包掛飾

製作步驟
Know How

step1+2／芊棉線先剪成二段，兩端分別串上彩珠，尾端打結固定。step3+4／取另一段將空心彩珠穿過珠鍊兩端，在頂端沾上膠固定避免滑落。

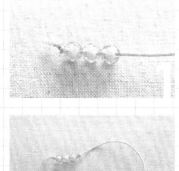

step5+6／把步驟1+步驟2完成的鍊子，用針線縫合固定在格紋蝴蝶結的背面中心點。
step7／取不織布沾膠覆蓋。
step8+9／再於不織布上黏上鴨嘴夾。step10／翻回格紋布蝴蝶結的正面，在蝴蝶結的左右兩側貼鑽即完成。

可依使用者喜好

選擇不同尺寸的蝴蝶結顏色及彩珠。
調整配飾比例。

記得如果要當一對的髮束，
則背面的夾子方向要左右對
稱，不可黏同一個方向喔！

亮晶晶糖果珠鍊
Shiny Candy Bead Necklace

宛如糖果般的亮麗色彩
串珠，讓人忍不住想張
口吃下去。

七彩糖果珠×2（5m/m）

彩色糖果珠×12（8m/m）

仿皮繩（50cm）

金蔥緞帶（20×1cm）

銀色銅鈴×1（1cm）

C圈×1

工具——————

剪刀、強力膠、鉗子

髮飾

別針

寵物

可搭配不同彩珠
及各色系仿皮繩。

對比越強烈越搶眼。

各七彩糖果珠可把顏色穿插對比越強烈
越搶眼，呈現亮麗色彩的效果也越好。

製作步驟
Know How

step1　將仿皮繩細線對裁成二條，二條一起穿上一顆(5m/m)糖果珠，然後黏上膠固定。
step2　由另一端依序穿上六顆(8m/m)糖果珠後，穿上已套過鈴鐺的C圈，再穿上六顆(8m/m)糖果珠，最後將另一尾端穿上一顆(5m/m)糖果珠，黏上膠固定。

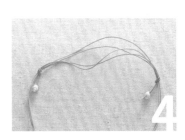  

step3+4 將左端線頭圈住右端線打上一個活結,右端同作,完成的鍊結可調整長短。
step5+6 將套過鈴鐺的C圈再綁上緞帶,並打結成蝴蝶結。完成。

Flexibility Thread
Bell × 1   Earth Beads
Little Pearl ×20

啾啾鈴鐺耳束

Kissy Bell Ear Bundles

叮叮噹噹，小叮噹蝴蝶
飛來飛去，不怕找不到
心愛的寶貝寵物。

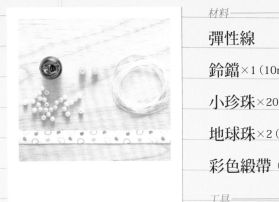

材料────

彈性線

鈴鐺×1（10m/m）

小珍珠×20

地球珠×2（5m/m）

彩色緞帶（1×16cm）

工具────

針、剪刀、膠

製作步驟
Know How

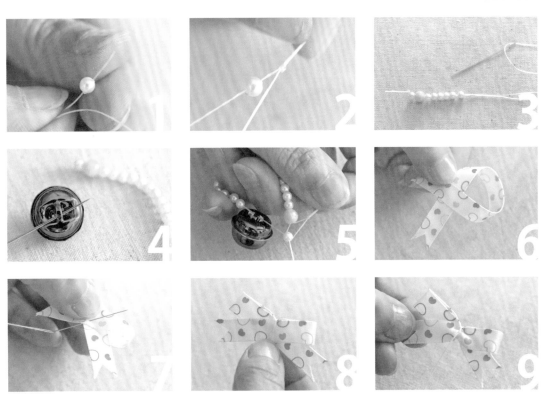

step1+2／拿針穿過彈性線，將一顆小珍珠穿過其中一個線頭，然後將兩個線頭一起打結固定。避免彈性線滑落。step3+4／先穿上一顆地球珠後，接著穿上小珍珠，最後穿上鈴鐺。step5／然後回穿過第一顆珍珠，打結固定備用。step6~9／將彩色緞帶兩端剪成分岔狀，重疊縫成小蝴蝶。

☆Ring
☆Ring

活潑俏麗的珠飾加上各式彩色緞帶，超級卡哇伊！

step10+11 縫完之後拉緊，使蝴蝶結更有立體感，再於結中心縫上一顆地球珠。
step12+13 組合步驟5及步驟11，以針線固定點膠，完成。

百搭．飾品配件
自己做

Best Friend Ever!

Point Pattern Ribbon —1×15cm
Floral Ribbon ×2
Non-woven ×2
Hair Bundles

黃玫瑰小耳束
Yellow Rose Ear Bundles

花朵大小可依喜好變換設計，藉由玫瑰花的點綴，讓家中寶貝打扮得更加俏皮。

材料————

小點點緞帶(1×15cm)

緞帶小花×2(黃色)

不織布×2(黃色)

綁髮帶（或別針）

工具————

針、線、剪刀、膠

髮 飾

別 針

寵 物

包包掛飾

鞋 夾

製作步驟
Know How

step1 將小點點緞帶兩端剪成斜邊。**step2+3** 重疊至交叉處，中間點以針線縫合固定，就形成小蝴蝶，共縫二支備用。

step4+5 將緞帶小花與步驟3完成的蝴蝶結縫合。**step6** 翻至背面，縫上不織布。**step7+8** 最後縫綁髮帶，完成。

怎麼用？

可以將小花套在素面髮圈或夾腳拖上使用，也可將綁髮帶改成別針，當作胸花或別在包包上裝飾。

百搭、飾品配件
自己做

Crystal Ribbon - 1×250
Phmour Pehn Ribbon
Duckbill Clip ×1
Woolen Flowers

點點黛綠花夾
Tender Green Point Flower Clip

手工編織毛線花加上各式彩色點
點緞帶，竟然風格迥異，趣味大
不同。

材料 ————

七彩圓點緞帶（1×25cm）

滾金邊緞帶（粉桔、0.3cm×25cm）

鴨嘴夾×1（白鐵）

白色毛線花、橘色毛線花

工具 ————

針、線、剪刀、膠

製作步驟
Know How

step1 剪一段七彩緞帶約7cm背面，塗上膠。**step2+3+4** 將緞帶黏在鴨嘴夾上，再往內反摺包住鴨嘴夾的兩端就完成。**step5+6** 將金邊緞帶對折固定中心點之後，反折並縫合。

step7 將七彩緞帶剪成二份，7.5cm和8.5cm各一。 step8+9 將兩端對折後重疊縫合固定。
step10+11 與步驟6縫合。 step12 縫合二朵毛線花。 step13~15 將步驟2+步驟11＋步驟12
組合在一起，縫合蝴蝶結及花朵後，以膠固定於鴨嘴夾，完成。

汪汪狗珍珠鍊
Dog Bark Pearl Chain

溫柔的針織動物造型，
加上珍珠質感項鍊，
簡單又大方。

材料———

魚線(0.3m/m)　　　　項鍊釦＋C圈

毛線狗狗×1　　　　　螞蟻釦＋擋珠

咖啡色石珠×2　　　　緞帶小花×1

小珍珠(少許)

工具———

針、線、剪刀、膠、鉗子

別針

項鍊

製作步驟
Know How

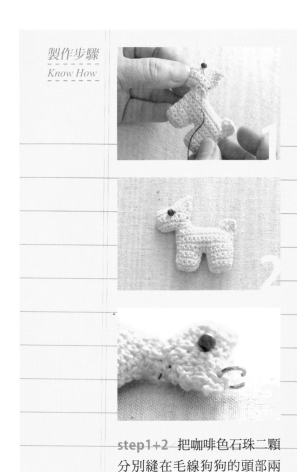

step1+2 把咖啡色石珠二顆
分別縫在毛線狗狗的頭部兩
側，當作狗狗的眼睛。**step3**
在狗狗耳朵處穿上C圈。

step4+5 再把緞帶小花縫合固定在毛線狗狗的頸部。**step6**
取魚線約50cm對折穿上螞蟻扣和擋珠，然後再加上項鍊釦跟
C圈。**step7** 兩邊魚線分別串上小珍珠。**step8** 串成二條珍
珠鍊的項圈尾端分別加上螞蟻釦＋擋珠＋C圈。**step9** 將步
驟3狗狗耳上的C圈扣上珍珠鍊即完成。

材料行

有很多現成的針織玩偶，
可選擇不同的型式小物當作墜飾。

Non-woven ×2
↳ Woolen Flower ×2
Crystal ×2
Hair Bundles ×2

紅山茶髮束
Red Camellia Hair Bundles

紅艷艷的毛海編織手工山茶
花，在冷冽的冬季裡配戴備
感溫暖。

材料————

不織布×2（圓直徑1.5cm）

毛線花×2（毛海材質）

貼鑽×2（紅色）

綁髮束×2

工具————

針、線、剪刀

髮飾

別針

寵物

鞋夾

製作步驟
Know How

step1+2／將貼鑽縫合固定在毛線花的中心點。**step3**／翻轉至背面把不織布縫合在毛線花上。**step4**／再縫上綁髮束固定完成。

工藝材料行

有販售完成的毛線花，
也可自行編織，
或依照小寵物寶貝的毛色大小比例，
選擇搭配的顏色與花型。

想要來點小公主的感覺？
繫上山茶花散步去吧！

Point Pattern Ribbon – 2.5cm x 40c
Flexibility Thread – 16cm
Little Pearl
Nonwoven Round

點點蝴蝶結
Point Pattern Rosette

直紋布點點緞帶，沈穩的大地色系，搭
配性強，讓你在妝點秋冬服裝色彩、可
愛的日系風格，一點也不寂寞。

材料 ————

圓點緞帶（40cm）

彈性繩（16cm）

小珍珠×8（0.5m/m）

不織布×1（圓形，直徑2cm）

髮飾

別針

手環

寵物

工具 ————

針、線、剪刀、膠

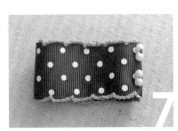

step1+2／把圓點緞帶剪成三份①（15cm二份）②（10cm一份），將②橫向對折先打一個活結備用。**step3+4**／再把二份①緞帶上下對折重疊，分別加上針線固定。**step5**／並縫合中心點成一直線。**step6**／在兩端分別縫上小珍珠，二顆為一組。**step7+8**／一份緞帶只要縫一邊點綴即可。**step9~11**／中心縫合並收緊，繞二圈再打結固定，即成一蝴蝶結。

step12∕再把打好結的緞帶②蓋住中心點。step12~15∕左右兩端反折至背面縫合固定。
step16∕將已剪成圓形的不織布對折。step17∕再從底部橫剪二刀，不可剪斷。step18~20∕
把彈性繩兩端分別從左右穿出。step21+22∕並以縫線固定，在不織布周圍塗上膠。黏在蝴蝶
結的背面，待乾即完成。

串珠小花髮夾
Beaded Flower Hairpins

麂皮繩＋各式彩色木珠＋雙層毛線花
＝陽光氣息＋俏麗可愛

材料

毛線花片×2

麂皮飾帶(20cm)

各式彩色木珠×12

小夾子×2

工具

針、線、剪刀、樹脂膠

製作步驟
Know How

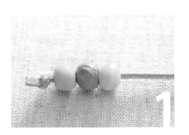

step1+2 把麂皮繩兩端分別串上不同顏色的木珠，尾端打結固定。step3+4 再把步驟2的皮繩縫在毛線花片背面，縫合處靠近下緣。

step5+6　背面中心點上膠，黏上不織布。step7　再黏上卡通
Q版的小鴨嘴夾，即完成。

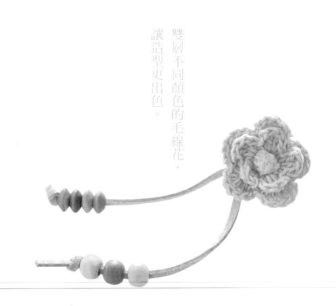

百搭.飾品配件
自己做

雙層不同顏色的毛線花，
讓造型更出色。

七彩鈴鐺首輪
Colorful Bell Necklace

手工質樸的串珠鍊，可自由
變化尺寸，可當項鍊、手環
及髮飾。

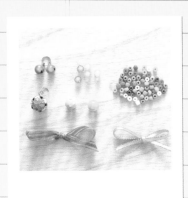

材料————

彩色石珠(少許，2m/m)

糖果珠×3(3m/m)

地球珠×2(6m/m)

小鈴鐺×2(5m/m)

大銅鈴×1(10m/m)

C圈×2

雙色緞帶 (0.5m/m×30cm, 桔色、綠色)

工具————

針、彈性線(60cm)、鉗子、剪刀、樹脂膠

打結處

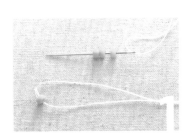

製作步驟
Know How

step1 彈性線先綁上一顆珠，穿過縫針後尾端打結。
step2 打完結再依顏色分配，串上各色石珠(每色約五顆)成一圈。step3+4+5 結尾處再串上一顆大的地球珠，打結固定當作中心點，完成一個項圈。step6 將大小鈴鐺分別穿上C圈。

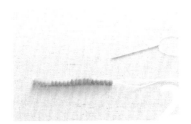

step7+8 把桔色緞帶穿過C圈，打結變成小蝴蝶結。step9 重複以上動作加上綠色緞帶蝴蝶結。step10+11 蝴蝶結的中心點縫上二顆小珠。step12 最後固定於步驟5。

百搭.飾品配件
自己做

注意顏色的分配

對比色彩鮮明，
讓飾品更豐富。

蕾絲蝴蝶髮束
Lace Butterfly Hair Bundles

白色蕾絲與紅點點緞帶做成的蝴蝶結交疊，像是可愛的小蝴蝶在花園裡翩翩飛舞。

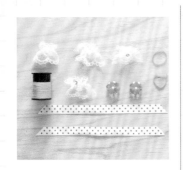

材料 *material*

小點點緞帶（1×30cm）

蕾絲緞帶（1×20cm）

白色不織布×2（直徑1cm）

綁髮帶×4

琉璃彩珠×2

工具 *tools*

針、線、剪刀、膠

How to
make it?
製作步驟

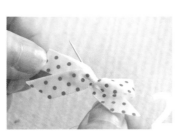

step1+2 將小點點緞帶先剪成二份，二份皆依圖對摺，縫合中間點成蝴蝶結。**step3** 將蕾絲
緞帶剪成四份，一份約5cm。

step4 二份為一組，重疊縫合中心點，拉緊成蝴蝶結。step5+6 把步驟1和步驟4重疊組合，共二份。step7+8 中間縫上琉璃彩珠。step9 背面先縫上不織布、再縫綁髮束完成，PS:同時縫上二支髮束會更加牢固。

百搭、飾品配件
自己做

色彩亮麗的小點點緞帶，在淺色寵物的寶貝身上非常顯眼。

腳丫文化
■ K053

百搭、飾品配件自己做。

國家圖書館出版品預行編目資料

百搭飾品配件自己做 / 張雅鈴著. -- 第一
版. -- 臺北市：腳丫文化,民99.11
面；　公分
ISBN　978-986-7637-63-5（平裝）
1. 裝飾品　2. 手工藝
426.9　　　　　　　　　　99019512

著　作　人：張雅鈴
社　　　長：吳榮斌
企劃編輯：陳毓葳
美術設計：顏一立
出　版　者：腳丫文化出版事業有限公司

總社・編輯部
社　　　址：104 台北市建國北路二段66號11樓之一
電　　　話：（02）2517-6688
傳　　　真：（02）2515-3368
E－m a i l：cosmax.pub@msa.hinet.net

業　務　部
地　　　址：241 台北縣三重市光復路一段61巷27號11樓A
電　　　話：（02）2278-3158・2278-2563
傳　　　真：（02）2278-3168
E－m a i l：cosmax27@ms76.hinet.net
郵撥帳號：19768287 腳丫文化出版事業有限公司

國內總經銷：千富圖書有限公司（千淞・建中）
　　　　　　（02)8521-5886
新加坡總代理：Novum Organum Publishing House Pte Ltd
　　　　　　TEL：65-6462-6141
馬來西亞總代理：Novum Organum Publishing House(M)Sdn. Bhd.
　　　　　　TEL：603-9179-6333
印　刷　所：通南彩色印刷有限公司
法律顧問：鄭玉燦律師　(02)2915-5229

定　　　價：新台幣 250 元
發　行　日：2010 年 12 月　第一版　第 1 刷
　　　　　　　　　　12 月　　　　　第 2 刷

腳丫文化

ISBN-13: 978-986-763-763-5
ISBN-10: 986-763-763-1

00250

9 789867 637635

K053   定價250元